目录

动物界	2
鸟类	6
昼行性鸟类	12
夜行性鸟类	13
哺乳动物	14
水生哺乳动物	18
其他哺乳动物	22
爬行动物	24
喙头目爬行动物	26
有鳞目爬行动物	28
鳄目爬行动物	30
龟鳖目爬行动物	32
两栖动物	34
无尾目两栖动物	37
有尾目两栖动物	38
无足目两栖动物	39
鱼类	40
软骨鱼	44
硬骨鱼	45
深海动物	46
无脊椎动物	48
节肢动物	50
环节动物	52
软体动物	54
多孔动物	56
刺胞动物	58
棘皮动物	60
动动手: 请画一只动物!	62
猜猜看: 这是什么动物?	64

动物界

动物界物种丰富且分布范围广阔。即便是地球上最偏僻的角落，也生活着各种各样的动物。动物群与植物群，为地球的生态系统带来了生机和活力，每个个体都尽可能以最好的方式利用周围的资源。

我们人类也是动物！

什么是动物？

动物是**地球上最多的生物类别**。它们都是有生命的个体，能够自主行动，生来就具有各种感官。

温血动物和冷血动物之间有什么区别？

温血动物，比如鸟类和哺乳动物，它们**体温恒定**，受到外部环境的影响较小。像鱼类、两栖动物、爬行动物和无脊椎动物等冷血动物，**外部条件则会影响它们的核心体温**，所以这些动物的体温会因环境而改变。

母鸡：卵生动物

蝮蛇：卵胎生动物

如何区分卵生、卵胎生还是胎生动物？

卵生动物会产卵，其后代在卵内发育并孵化。而对于**卵胎生动物，卵会留在雌性动物体内孵化**，当它们产卵时，其后代就出生了。胎生动物会直接生下在母体内已发育好的后代。

熊猫：胎生动物

动物主要分成哪两大类？

动物主要分为**脊椎动物**和**无脊椎动物**：脊椎动物都有一根脊椎骨，而无脊椎动物则没有脊椎骨，因此它们的身体很柔软。

脊椎动物　　无脊椎动物

3

什么是食物链？

动物是食物链的一部分，在食物链中，根据生物承担的产生什么、消耗什么、做什么等功能，像金字塔一样分成了不同的层级：

生产者
生产者包括植物，因为植物可以通过光合作用生产出自己需要的营养。

消费者
消费者不能生产出自己所需的营养，只能以其他有机体为食。

分解者
分解者又叫转化者，可以分解生物残骸，比如细菌和真菌，它们能将生物残骸转化为可重复利用的物质资源。

动物在食物链中属于什么级别呢？

动物是消费者，它们可以分为初级、次级和高级三个层次。杂食动物不会停留在一个固定的层级上，它们在食物链上的层级会上下浮动，这取决于它们吃什么食物。

初级消费者
草食动物：它们以生产者为食。

次级消费者
这些动物仅以草食动物为食。

高级消费者
这些动物是超级掠食者：它们既吃草食动物，又吃肉食动物。

食物链示例图

草是蚱蜢的营养来源，蚱蜢会被老鼠吃掉，而老鼠又是蛇的食物来源。进一步，蛇会被郊狼吃掉，而等郊狼死后，它又会变成真菌和细菌的食物。

鸟类

你知道吗？地球上有超过一万种鸟类，而且几乎每个鸟类物种都完美地适应了不同的环境。比如不会飞的鸟——企鹅，它们进化出了适合游泳的翅膀；鸵鸟，它们有强壮而结实的腿，这双腿不仅能够支撑起它们庞大的身躯，还能够让它们快速奔跑。

鸟类有哪些特征？

鸟类大约于 1.5 亿年前由恐龙演化而来。它们是卵生脊椎动物。大多数鸟类都能飞翔，这归功于它们覆盖着羽毛的翅膀和轻盈中空的骨骼。它们的腿上覆盖着鳞片，根据它们吃的食物类型的不同，它们的喙的形状也不同。

鸟类鸣叫的目的是什么？

为了交流或传达不同类型的信息，如提示危险、食物或集体旅行等。鸟类的鸣叫声包括鸣叫和鸣唱。鸣叫很短，也很简单。鸣唱声则更长，也更加悦耳。一般而言，鸣唱是**雄鸟**的典型特征，它们经常发出美妙动听的叫声来**吸引雌鸟**。

鸟类的脚是什么样子的？

鸟类的脚**因它们的生活方式而异**：**雀类**有适合栖息在地上或树上的脚；**猛禽**强壮的脚上长着锋利的爪子，这有利于它们捕捉和杀死猎物；沿海或沼泽边生活的**涉禽**的脚很长，便于它们在水中行走；**游禽**脚上长着蹼，这有助于它们在水中浮游。

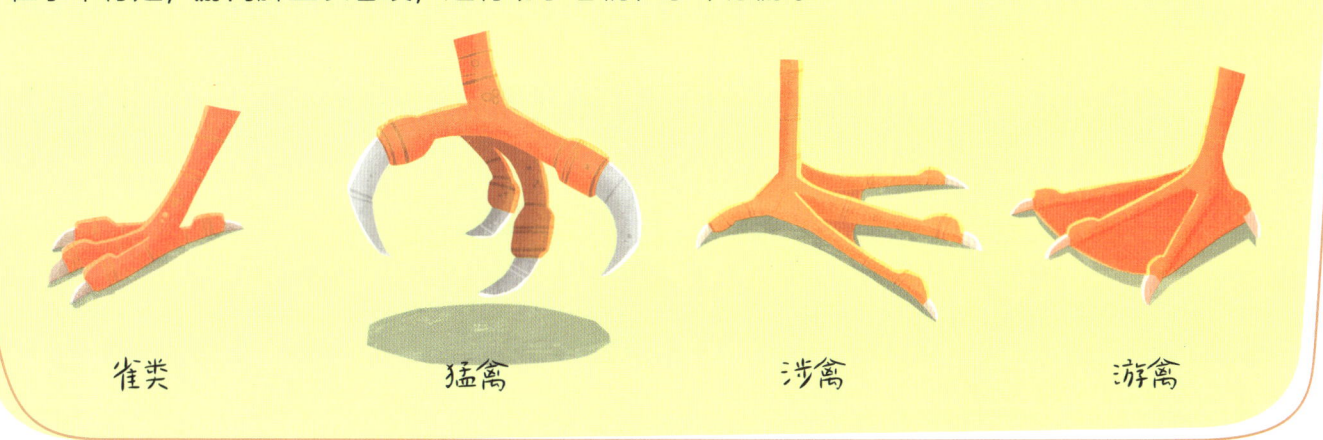

雀类　　　猛禽　　　涉禽　　　游禽

为什么不是所有鸟类的喙都长得一样？

喙的形状因鸟类所吃的食物种类不同而有差异，有些鸟类以种子或**植物茎叶**为食，有些鸟类以**其他动物**为食，还有一些鸟类则是**杂食动物**。例如鹰长着锋利而尖锐的喙，利于撕扯肉类；母鸡长着尖尖的喙便于啄食虫子或是吃种子；火烈鸟的喙则像一个过滤器，这种构造让火烈鸟能够以水中的小软体动物等为食。

火烈鸟　　　美洲反嘴鹬　　　母鸡

鹈鹕　　　鹰　　　巨嘴鸟

鸟类如何繁殖?

这多亏了它们下的**蛋(卵)**,鸟蛋的大小会因鸟的品种不同而存在差异。一枚鸟蛋就是一个**温馨之家**,幼鸟可以从蛋中获取它发育所需要的一切营养。鸟蛋是"带有羊膜"的,它有一个**羊膜囊**(一个充满液体的空腔),可以保护胚胎免遭脱水。

驼鸟蛋
- 高约 15 厘米
- 重约 1.5 千克

鸡蛋
- 高约 6 厘米
- 重约 57 克

蜂鸟蛋
- 高约 13 毫米
- 重约 0.5 克

燕子

鸟巢有什么作用?

鸟类筑巢是为了**下蛋并照看好它们产的卵**。鸟类可以用不同的方式在不同的地方筑巢。有些鸟类的名字就来源于它们的筑巢方式。

织巢鸟

翠鸟

为什么有些鸟类会迁徙？

鸟类可以迁徙数千公里去寻找一个适合**交配、产卵、育雏或者觅食的地方**。鸟类迁徙的时间为一周到几个月不等，这与它们的飞行速度、休息时长和飞行距离有关。想要识别候鸟并不难：它的翅膀结构更加符合**空气动力学原理**，更长且呈锥形。

红顶娇鹟在树枝上跳舞，它还用喙和自己的歌声演奏新颖的旋律。

体型较大的雄性琴鸟通过唱歌和跳舞向雌鸟求爱。

孔雀展示它五颜六色的羽毛。

各种各样的求偶实践技巧！

雄鸟的求偶方式丰富多样，包括鸣唱、舞蹈、炫耀美丽的羽毛，以及展示筑巢技巧等。有些雄鸟只使用其中某项技能，也有些雄鸟会使用好几种技能。

鸟的正羽由哪些部分构成？

鸟的正羽由四个部分组成：**羽轴**，即锥形的中心轴；**羽小钩**和**羽小枝**，即在羽轴两侧成对的羽片分枝；**羽根**，即羽轴的未分枝部分，它位于皮肤下方并连接羽毛和鸟身。羽小钩和羽小枝相互连接在一起形成羽片，使羽毛轻盈、灵活且**防水**。

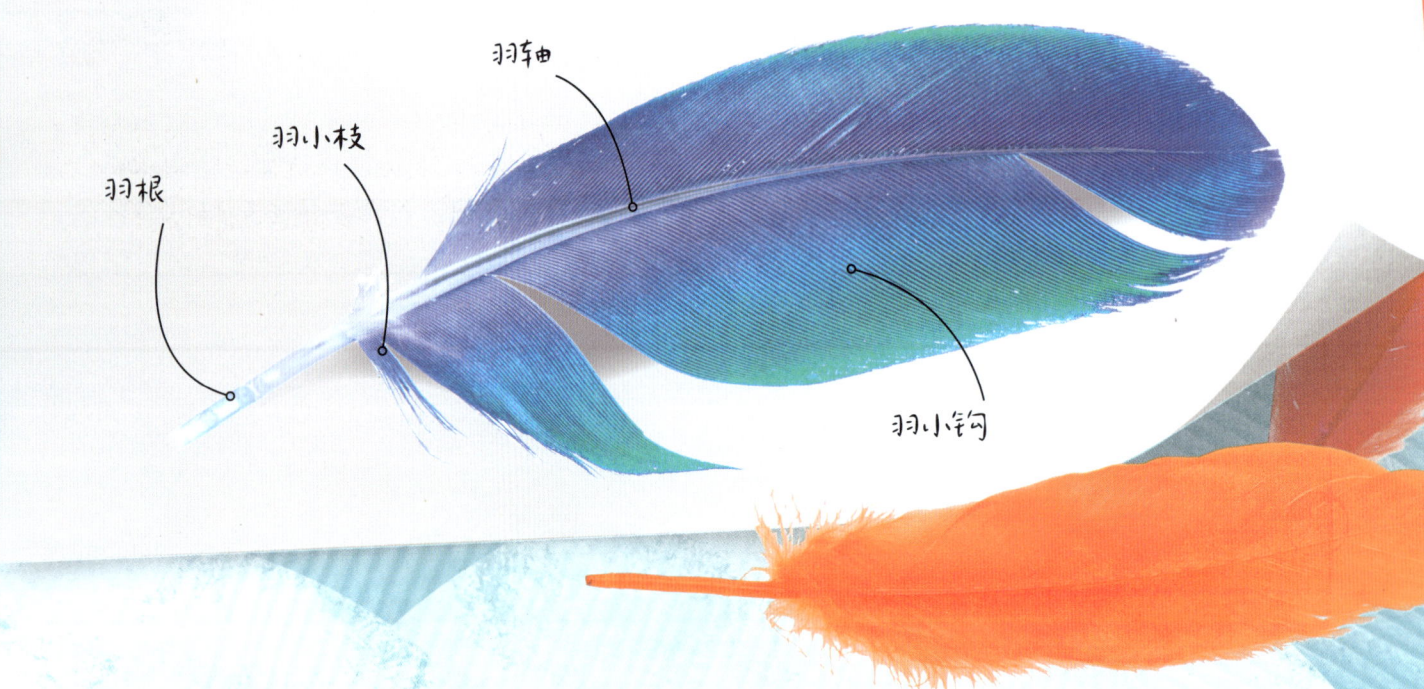

鸟的羽毛有什么用途？

不同的羽毛有不同的功用。翅膀上长的**飞羽**是为飞行而生的，具有均匀且不可弯曲的表面，因此在与空气接触时不会被折弯。**尾羽**位于尾巴处，它可以控制飞行的方向，并能让鸟儿自己掌舵。**廓羽**覆盖在鸟儿的身上，让鸟儿呈流线型，它不仅防水，而且颜色各异，既可以让鸟儿尽情去展示其魅力，又能让它们更好地隐藏在所生活的环境中。

绒羽和正羽有什么不同？

绒羽是更小、更纤细的羽毛，羽小枝细长，没有羽小钩，蓬松且柔软，有隔热作用，便于**保暖**。

什么是纤羽和刚毛？

纤羽是非常小的羽毛，具有类似头发的结构。其毛囊含有**神经末梢**，能够感知其他羽毛的位置，从而可以让鸟类执行特定的动作，例如飞翔或潜入水中等。

刚毛（须）则又短又硬，主要由羽轴组成。刚毛（须）通常位于眼睛上方或者喙的底部，起到**过滤**的作用，尤其是在耳朵或鼻孔附近。

昼行性鸟类

欧亚鸲

欧亚鸲是一种小巧、丰满的鸟，有着独特的橙色胸部，它会用树叶和苔藓筑巢，并用羽毛来装饰鸟巢。

金雕

金雕的翅膀全部展开可长达 2.3 米，它会在洞穴或单个孤木上筑巢，每窝会产下 1 至 4 枚卵，并由父母双方共同照料。

黄蓝金刚鹦鹉

生活在热带森林中的黄蓝相间的金刚鹦鹉可以用它强有力的喙敲破坚果壳，也能压碎种子。它的双翼全部展开可长达 114 厘米。

帝企鹅

帝企鹅是居住在南极洲的明星居民，它是世界上最大的鸟类之一，不会飞，但可以在水中停留长达 28 分钟！帝企鹅是群居动物，由雄性帝企鹅负责孵蛋。

鸸鹋

鸸鹋分布在澳大利亚的广阔平原上，它与鸵鸟相似，但脖子和腿都更短，有着长而窄的深棕色羽毛。

夜行性鸟类

雕鸮
雕鸮有着橙色的大眼睛和独特的耳部毛发，它具有灵敏的听觉和敏锐的视力。它飞起来时非常安静，但它其实能够发出音域范围很广的各种声音。

纵纹腹小鸮
纵纹腹小鸮也叫雅典娜的猫头鹰，它有一个大大的头和高度发达的眼睛，浑身覆盖着排列成同心圆状的羽毛。它以小型动物为食，捕猎动作十分优雅。

仓鸮
仓鸮既栖居在城市，也生活在乡下，它会发出类似于人类打鼾的叫声。

角鸮
角鸮是一种猛禽，冬天会迁徙到非洲大草原上过冬，是一种独居之鸟，能通过灵敏的听觉来定位猎物。

灰林鸮
白天，灰林鸮会睡在树枝上或是古木的树洞里。到了晚上，它会出来捕食老鼠、鼹鼠、松鼠和昆虫等。它有黑色的眼睛和条纹状的羽毛。

哺乳动物

哺乳动物属于脊椎动物，它们都有脊椎骨。你能想象吗？地球上有六千多种哺乳动物！除了极少数外，每种哺乳动物都会生下并喂养它们的后代。大多数哺乳动物的身上都有毛皮或毛发。

我们人类也是哺乳动物！

哺乳动物主要有哪几类？

主要有三类：有胎盘类、有袋类和单孔类。

有胎盘类
其后代在母体内发育，受到胎盘的保护和滋养，有胎盘类动物出生时几乎就已经发育完全。

有袋类
有袋类动物出生时尚未发育完全，但母亲会将幼崽安全地放在育儿袋中，直到它们可以独立生活。

单孔类
这类动物是卵生的，因此其后代在蛋中发育，它们会在巢中或育儿袋中被培育并孵化出来。

狐狸（有胎盘类）　　考拉（有袋类）　　鸭嘴兽（单孔类）

哺乳动物是群居还是独居？

有些哺乳动物喜欢独居，但**大多数哺乳动物会成对或成群生活**，这有很多好处。肉食动物与它们的同类在一起时能够**更好地捕猎**。群居时，动物们也能更好地**保护**自己及群体中的其他动物。唯一能使用语言进行交流的哺乳动物是人类，而社交类哺乳动物会使用面部表情、叫声、气味或肢体语言进行**交流**。

土拨鼠（群居动物）

鼹鼠（独居动物）

狼（群居动物）

美洲豹（独居动物）

哺乳动物吃什么？

哺乳动物以各种**植物、昆虫和其他动物**为食。有些哺乳动物是**草食动物**，有些则是**肉食动物**，还有一些以**腐肉**和垃圾为食。不同哺乳动物的食量差异很大，一般依体型大小而定。然而需要大量进食的，也不只是鲸鱼等大型哺乳动物。即便是体型较小的哺乳动物，比如鼩鼱，也会大量进食，因为它们小小的身体具有更高的能量消耗率和散热效率。

 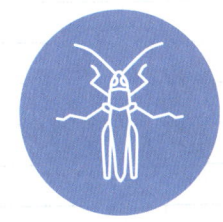  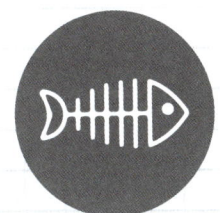

哺乳动物会迁徙还是栖居在一处？

有些哺乳动物会选择一个地方作为它们的家园，并永久定居在那里，例如僧海豹。有些哺乳动物则会迁移。**迁徙类哺乳动物**主要是草食动物，例如驯鹿，它们四处迁徙是为了**觅食**，尤其是在寒冷的季节里。驯鹿的迁徙可是一道奇观：在春季和秋季，这些有蹄类大型动物每年可以迁徙五千公里！

如你在照片中所见，斯堪的纳维亚半岛的驯鹿会在夏季一路向北迁徙，它们穿越河流和山脉，去往气候凉爽和植被充足之地。

你知道吗？

哺乳动物个头**越**大，心率就**越**慢。例如蓝鲸的心脏每分钟大约跳动37次，而人类的心脏每分钟大约跳动65次。伊特鲁里亚鼩鼱身高不足5厘米，但是你能想象吗？它们的心跳每分钟能达到1500次！

每分钟心跳约37次　　每分钟心跳约65次　　每分钟心跳约1500次

有没有有毒的哺乳动物呢?

有，有好几种有毒的哺乳动物，例如**海地沟齿鼩、欧洲鼹鼠和雄性鸭嘴兽**，但它们对人类并不致命。海地沟齿鼩咬其他动物一口，就可以麻痹或杀死它们；欧洲鼹鼠的唾液也能麻痹猎物，这让它们有足够的时间把猎物拖入洞中，以便在冬季慢慢享用；雄性鸭嘴兽的后腿上有一个刺突，与腺体相连，可分泌毒液，在交配季节，雄性鸭嘴兽会通过其后腿突出的刺向情敌注射毒液。

海地沟齿鼩

欧洲鼹鼠

当哺乳动物休眠时，会发生什么?

当哺乳动物休眠时，**生命机能降至最低**，它们的体温降低，心率也会下降。根据季节不同将休眠分为**冬眠**和**夏眠**。冬眠是生活在严冬地区动物的典型特征，而夏眠则是生活在酷暑和干旱地区动物的典型特征。在进入休眠之前，动物们会囤积大量脂肪，为接下来的长期禁食做准备。

水生哺乳动物

有些哺乳动物已经适应了在水中生活,但与陆生哺乳动物一样,它们也会呼吸、生育后代并喂养它们。

水生哺乳动物有哪几类?

大多数水生哺乳动物可以分为三大类:**肉食动物**,包括鳍足目和其他物种;**鲸下目动物**,包括虎鲸、蓝鲸和海豚等;**海牛目动物**,包括儒艮和海牛等。

蓝鲸
(鲸下目动物)

儒艮
(海牛目动物)

海豹
(鳍足目动物)

鲸下目动物有哪些共同特征？

鲸下目动物都有一条**扁平、宽阔的尾巴**，通过上下摆动尾巴游动。它们的头顶有用来呼吸的**鼻孔**。它们几乎都是肉食动物，可以在水下停留很长时间。这类动物又可细分为须鲸类和齿鲸类。

须鲸类
（蓝鲸和长须鲸等）

须鲸类动物都没有牙齿，但长有**鲸须**，鲸须可以用来**滤取海水中的生物**。

齿鲸类
（抹香鲸、喙鲸、鼠海豚、虎鲸等）

齿鲸类动物有**牙齿**，它们**以鱼类、乌贼和其他动物**为食。它们成群结队地生活，并且具有回声定位能力。

什么是回声定位？

回声定位的原理与**声呐**相通。动物发出的声音会从周围环境中反弹回来，从而使其了解周围事物的位置、大小、形状和特征等。除齿鲸类动物外，蝙蝠也可以进行回声定位！

什么是海牛目动物？

海牛目动物是指**草食性**的水生哺乳动物。它们以生长在浅海床、河床以及沼泽底部的**藻类和植被**为食，因为食草，所以也被叫作"**海牛**"。

已知的海牛目动物有多少种？

目前已知的海牛目动物只有**四种**，分别是：亚马逊海牛（生活在亚马逊盆地）、加勒比海牛（生活在加勒比海、北美洲、南美洲和中美洲地区）、儒艮（生活在印度洋—太平洋沿岸）和非洲海牛（生活在西非等热带河流流域）。由于人们对海洋的过度开发，**它们都面临着灭绝的危险。**

● 儒艮

● 非洲海牛

● 加勒比海牛

● 亚马逊海牛

有哪些种类的肉食动物生活在水中？

有些肉食动物既可以在水中生活，又能成群结队地在陆地上生活。例如**水獭和北极熊**，以及另外一种有点不同寻常的动物——大足鼠耳蝠，它以鱼类和海洋甲壳类动物为食，在水面上飞行时，会用后腿进行捕捞。

北极熊

海獭

沿海水獭

大足鼠耳蝠

鳍足目动物可分为哪三大科？

海豹科

被称为"真正的"海豹，它们大多生活在冷水中，只有在交配或休息时才会上岸。它们没有明显可见的外耳。

海狮科

它们和海豹长得很像，但它们相对更像陆生动物，并且有可见的外耳。

海象科

只有一个物种，就是海象。它有一对很长的犬齿和又长又敏感的胡须。

其他哺乳动物

哺乳动物有的体型大,有的体型小;有的行动缓慢,有的行为极为迅速;有的体重很轻,也有的很重。让我们来了解一些"动物之最"吧!

3.5 米
非洲象 有最长的牙齿

5 米
长颈鹿 有最长的颈

爬行动物

最早的爬行动物是由生活在陆地和水中的两栖动物进化而来的。它们在数百万年前就已经出现在了地球上，它们可以生活在不同的环境之中。爬行动物主要分为四个目：喙头目、有鳞目、鳄目和龟鳖目。

爬行动物有哪些共同特点？

爬行动物是**变温动物**，即冷血动物。它们体表覆盖着**骨鳞**或**薄板**（又称为骨板），可以保护它们免受掠食者和崎岖地形的伤害。它们都是**脊椎动物**，能够**产卵**。

爬行动物会冬眠吗？

会，作为冷血动物，它们喜欢温暖的气候，**寒冷的天气**不适合它们生存。而且如果没有达到合适的温度，它们就无法从冬眠中自然苏醒。

爬行动物都生活在哪里？

大多数爬行动物生活在水域附近，如淡水、盐水或沼泽地。鳄鱼更喜欢在水中生活，因为浸泡在水中可以防止它们身体过热。许多蛇类生活在**沼泽**、**河流**或**海洋**附近，以鱼类和藻类为食。不过它们有一个共同特点：都需要住在**温暖**的地方。

爬行动物如何捕食、进食？

不同的爬行动物有不同的饮食习惯，它们会使用不同的方法来获取食物。有些蛇使用**毒液**麻痹猎物，令其不能动弹；有些蛇则将它们的身体**盘成圈**勒住猎物，令其窒息而亡。有些种类的爬行动物是**食虫动物**，例如变色龙或蜥蜴；也有些是**杂食性动物**，例如海龟（一些素食类的海龟除外）；还有一些爬行动物是**肉食性动物**，例如鳄鱼。

爬行动物的**舌头**极其重要，能**捕捉、品尝和吞咽食物**，以及用来清洁自己和识别其他伙伴。

喙头目爬行动物

喙头目爬行动物被人们认为是"活化石",因为它们早在恐龙生活的时代就存在于地球上了,最早可以追溯到三叠纪时期。迄今为止,喙头蜥是该目唯一的类群,有两个物种。在2.4亿年的进化过程中,喙头蜥还保留了它们的一些原始体貌特征。

它们吃什么?

它们以**蚯蚓、小鸟、小蜥蜴、昆虫和蜗牛**为食,是夜间的猎手。白天,它们则喜欢待在洞穴里或是躺在外面晒太阳。

它们生活在哪里?

两种喙头蜥**目前仅残存于新西兰北部沿海的少数小岛上**,那里气候潮湿、凉爽且多风。这些喙头蜥比较喜欢低温(15~21℃)的环境,因此它们的新陈代谢非常缓慢。

"第三只眼睛"

喙头蜥类的头顶上有一个**特殊的器官**，可以在夜间**探测光线**。

结节

雄性喙头蜥类的背上有一排**冠状尖刺**。

牙齿

喙头蜥类的牙齿呈**三角形**，很锋利，并与颌骨长在一起。

皮肤

它们的皮肤颜色可以是**灰色、橄榄绿色或砖红色**。

自体切除术

喙头蜥类可以**切断它们的尾巴**，以躲避或迷惑掠食者。

你知道吗？

喙头蜥类的寿命可以长达 70 岁！它们大概要花 10 到 20 年的时间才能长大成年。雌性喙头蜥类每 4 年繁育一次。

有鳞目爬行动物

许多爬行动物都属于有鳞目爬行动物，它们有一个共同的特征：全身布满了鳞片。蛇、蜥蜴和壁虎都是有鳞目爬行动物！虽然它们身上都有鳞片，但它们的尺寸差异却很大：从10米（水蟒）到16毫米（矮壁虎）都有。有些有鳞目爬行动物，尤其是蛇类，可以大幅度张开它们的下巴，这让它们能够吞下比它们自己的头部还要大得多的猎物。

攀墙捷足蜥

攀墙捷足蜥栖息在墙壁上或地底下的洞里，但它也喜欢躺在阳光下。如果被捕食者逮住，它可能会自断尾巴，但是尾巴还会再长出来，每天大约长2毫米。

海鬣蜥

海鬣蜥体表呈深灰色。在交配季节，雄性海鬣蜥臀部变红，背脊和下肢会变绿。这是它在向雌性海鬣蜥传达自己已经做好了交配准备的信号！

蛇蜥

它可能看起来像一条蛇，但它不是蛇！它其实是一种没有腿的蜥蜴，身体呈圆柱形，最长可达60厘米。蛇蜥是一种卵胎生的爬行动物。

豹变色龙

这种变色龙体长可以达到 52 厘米。它的腿部有一种特殊的结构,能让它抓牢树枝并保持稳定。此外,它的视野是 360°无死角的!

皇蟒

皇蟒在夜间捕食。为了识别猎物,它会使用嘴巴两侧的感觉器官来感知猎物。在冬季,当夜间温度下降至 22℃以下时,它就会停止进食。

科莫多巨蜥

科莫多巨蜥是一种看起来威风凛凛的爬行动物:它身长 3 米,有长长的爪子和分叉的舌头,它锋利的锯齿状牙齿可以攻击非常大只的猎物,并向其体内注入毒素。

豹纹守宫

白天,豹纹守宫喜欢待在岩石下或洞穴里。它们喜好攀爬,会在黄昏或夜间积极活动。它们的名字源于那些覆盖在它们灰色或黄色身体上的黑色斑点。

鳄目爬行动物

鳄目爬行动物包括世界上体型最大和最危险的爬行动物,可分为三个科:鳄科、短吻鳄科(包括凯门鳄)和长吻鳄科。在热带地区,生活着十二种不同种类的鳄。鳄会把眼睛、耳朵和鼻孔露出水面,然后出其不意地捕获前来河岸边喝水的、毫无戒备心的动物。因为它们的牙齿不能咀嚼食物,所以它们会将猎物一口吞下。鳄的视力极佳,在晚上也能看得很清楚。

你该如何区分这三种鳄目爬行动物呢?

很简单,观察它们的头部和下颚就行!以下是它们之间的一些主要区别:

鳄

它们的头呈三角形,当其下颚合拢时,上下排的牙齿仍然可以被看到。

短吻鳄和凯门鳄

它们的头宽而短,闭上嘴巴时,只能看到上排的牙齿。

长吻鳄

长吻鳄有一个狭窄而细长的口鼻部,它的嘴里大约有 100 颗锋利的牙齿,而且牙齿大小都一样。

鳄身上覆盖的东西叫什么?

鳄全身覆盖着排列规则的**鳞片**。这些鳞片下托有**厚厚的骨板**，它会使鳄的皮肤更加坚硬。鳄腹部的鳞片十分光滑。

温度约 34℃时出生的是雌性

温度约 30℃时出生的是雄性

你知道吗?

鳄的性别**取决于产卵地的温度**：温度 30℃及以下出生的就是雄鳄，而温度在 34℃及以上出生的则为雌鳄。如果温度介于这两者之间，那么出生的后代就不能确定性别啦！

鳄在抚养它们的后代时会有哪些行为特征?

鳄是**非常细心的父母**，会耐心照顾孩子，保护它们免受捕食者的侵害。雌鳄守卫着巢穴，而在孵卵时，它会帮助幼崽破壳而出。雌鳄会用嘴巴叼起小鳄，将它们带到水中。

龟鳖目爬行动物

海龟属于龟鳖目爬行动物。它们的身上长着一层骨质的盔甲，这是一种覆盖住扁平腹甲的外壳。这个壳既是它们骨骼的一部分，也能起到保护身体的作用。海龟可以将它们的尾巴、腿部和头都缩进壳中。龟壳的形状、硬度和颜色以及海龟四肢的形状，都能告诉我们每个种类的海龟喜欢生活在哪里，以及它们是如何迁徙的。海龟通常会把蛋埋在沙里或者土中。

你该怎样通过海龟的外壳来识别它们的种类呢？

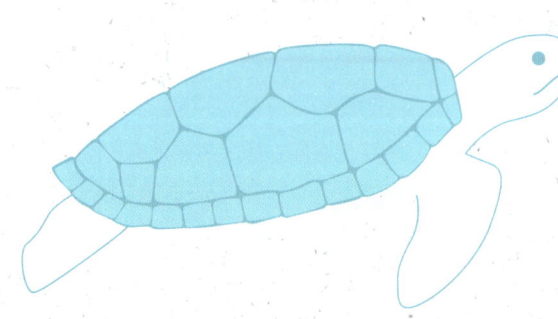

海龟
锥形外壳

池龟
小而扁的外壳

陆龟
圆顶形的外壳

赤龟/红海龟
属于海龟

欧洲池龟
属于池龟

赫曼陆龟
属于陆龟

你还想了解一些关于海龟的有趣事实吗?

它们栖息在世界各地的亚热带和热带地区，但会迁移数千公里去产卵。

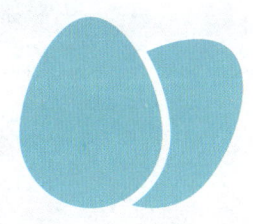
每两到三年，雌海龟就会去它们的出生地产卵（产卵数量视海龟的种类而定，一般一只海龟会产 50 到 200 枚海龟蛋）。

总共有七种海龟：其中**最小**的是肯氏丽龟（只有 70 厘米长），**最大**的是棱皮龟（长达 2 米）。

陆龟有什么特别之处？

它们可以生活在干燥的环境中，行动非常**缓慢**，一个小时只能爬行 90 米远。它们的**寿命很长很长**：最大的陆龟样本的寿命超过了 100 岁。

最著名的池龟有哪些？

比如**欧洲池龟**和**太平洋池龟**。第一种池龟生活在欧洲和非洲西北部，它的龟壳长达 13 厘米。第二种池龟生活在北美洲的西海岸，它的外壳呈深褐色，还带有黄色的条纹，长度为 15 到 25 厘米。

两栖动物

两栖动物可以分为三个目：无尾目（如青蛙和蛤蟆）、有尾目（如蝾螈和欧螈）和无足目（又可叫作蚓螈目）。这类脊椎动物与水有着密切关联。成年后，许多两栖动物会离开水域。但是在幼体阶段，以及在繁殖或寻找食物时，很多两栖动物总会回到它们的出生地——池塘、溪流和湿地附近。

两栖动物的发育阶段是什么样的？

两栖动物是**卵生**的，但它们的卵与爬行动物的卵以及鸟类的卵（鸟蛋）不同。两栖动物的卵**没有外壳**，其胚胎由一层透明的膜保护着。幼体从卵中孵化出来后，它身体的各个部分都会发生变化，最终会转变成微型的成年体动物。

青蛙 / 卵 / 四条腿的蝌蚪 / 胚胎 / 两条腿的蝌蚪 / 蝌蚪 / 蛙的生活史

两栖动物吃什么？

虽然两栖动物并没有可用于咀嚼猎物的**牙齿**，但它们其实是**肉食动物**：它们会将食物一口吞下。它们最喜欢的食物是**小型的脊椎动物和无脊椎动物**，例如蜘蛛或昆虫。

高山欧螈

火蝾螈

它们的皮肤由什么构成？

两栖动物的皮肤上没有鳞片。它由一层薄薄的**黏液**保护着，这可以让皮肤保持**湿润**，防止脱水和意外划伤，并且这也能使它们从掠食者的抓捕中顺利逃脱。它们的皮肤很**薄**，能在水下通过毛孔吸入氧气，因此可以长时间地浸泡在水中。

两栖动物有毒吗？

是的，很多两栖动物都有毒。事实上，它们生来就有特殊的**腺体**，可以分泌出威力强大的毒液，让捕食者痛苦不堪、饱受折磨。但是还是有一些掠食者会冒着中毒的风险来吃它们。有毒的两栖动物身上的鲜艳颜色便是危险标志。

金色箭毒蛙是世界上毒性最强的动物之一

两栖动物生活在哪里？

两栖动物遍布**世界各地**，甚至可以在北极圈以北生活。但它们无法在极度干燥的沙漠、最为偏远的大洋岛屿和南极洲生存。它们多栖息在热带和山区林地的**潮湿地带**。

它们的眼睛是什么样子的？

这取决于它们活跃的时间。**夜间活动**的两栖动物有着垂直状的瞳孔，便于快速适应光线的变化。而**白天活跃**的两栖动物的瞳孔则是水平状的。

是鳃还是肺？

在完成发育之前，**幼体**用**鳃**来呼吸，这样它们就可以在水下生活。在它们向微型成年体**转变**的过程中，鳃裂退化，**肺**逐渐形成，这样它们就能在陆地上呼吸了。

鳃　　肺部

无尾目两栖动物

蛙和蟾蜍都属于无尾目两栖动物。这些动物都没有尾巴，它们的身体短而粗壮，后腿很发达，非常适合跳跃。巨谐蛙是该目中体型最大的成员，体长可达30厘米，体重可达3千克。

长30厘米　　重3千克

红眼树蛙

这种青蛙以其全身鲜艳的颜色引人注目，它那**猩红的眼睛**是在警告捕食者它有**剧毒**。它还可以散发出类似大蒜的气味，这对捕食者也有一定威慑力。

玻璃蛙

这种青蛙的**腹部皮肤像玻璃一样透明**：你可以看到它那正在泵血的心脏和它肠子里蠕动的食物！除了这种与众不同的透明皮肤之外，这种青蛙的脚上有发达的吸盘，这让它可以**攀爬乔木和灌木**。

绿蟾蜍

这种蟾蜍因其身上的**翠绿色斑点**而得名。其蛙鸣声被人称作吟唱，在夜间可闻，类似蟋蟀鸣叫。

有尾目两栖动物

属于有尾目的火蝾螈和欧螈都有一条尾巴和四条腿，腿的长短也大致相同。有尾目有许多不同大小的家族成员，从 25 到 30 毫米，再到 1.5 米的都有，体型小的如索里螈，大的如大鲵。

墨西哥钝口螈是会"行走的鱼"

即使到了成年期，**墨西哥钝口螈**仍然保留着幼体时的特征，例如**长在外部的鳃**。它的鳍也从头部一直延伸到长尾巴的尖端。

理纹欧螈

这种蝾螈的身体呈黑色，身上带有不规则的绿色图案。雌性理纹欧螈的背部长着橙色的条纹。它每年产卵 200 到 400 枚。

火蝾螈

这种蝾螈墨绿色的身体上有**亮黄色的斑点**，这让它能很好地**融入**周边环境，也能警告捕食者它有毒。它的寿命相当长：雌性火蝾螈可以活到 21 岁，雄性火蝾螈能活到 23 岁。

无足目两栖动物

只有蚓螈类属于无足目两栖动物。它们类似于蠕虫，没有四肢，通常在湿地营洞穴生活，长度可超过1米。

环管蚓螈

这种蚓螈很容易被识别，因为它深蓝色的身体上带有一道道白色的环状条纹，这种蚓螈的皮肤会分泌出**有毒**的物质，并且它似乎还会发出一种爆裂声。

林奈蚓螈

它的身体是深色的，上面覆盖着细小的**皮肤鳞片**。这种蚓螈最长可以达到60厘米，它以蜥蜴和无脊椎动物为食。

黄带蚓螈

这种蚓螈因其浅棕色身体的两侧有亮**黄色的带状条纹**而得名。它的双眼之间有两条可以来回伸缩的小小触手。黄带蚓螈最发达的感官是它的**嗅觉**。

鱼类

有许多动物物种生活在陆地上，但是水生动物的种类还要更多。鱼是一种很奇特的动物。它们已经适应了在淡水或盐水中生活，而且由于鱼类有鳃，所以它们可以在水下呼吸。鱼类身上有鱼鳍也有鱼鳞，会在水中产卵。鱼类可以分为两类：软骨鱼（即长着软骨的鱼）和硬骨鱼（即长着硬骨的鱼）。

一条鱼的生命周期是怎样的？

鱼从**鱼卵**发育而来，鱼卵会在几天或几周后孵化。**孵化**后的新生小鱼尚未发育完全：在鳍、骨骼和其他器官完全发育成熟之前，它们都被称为**仔鱼**。仔鱼期可能很短，但对于某些品种的鱼类来说，它也会持续好几年。通常情况下，仔鱼都生活在浅水中，这使它们能尽可能免受捕食者的侵害，并能够顺利地长到**成鱼期**。

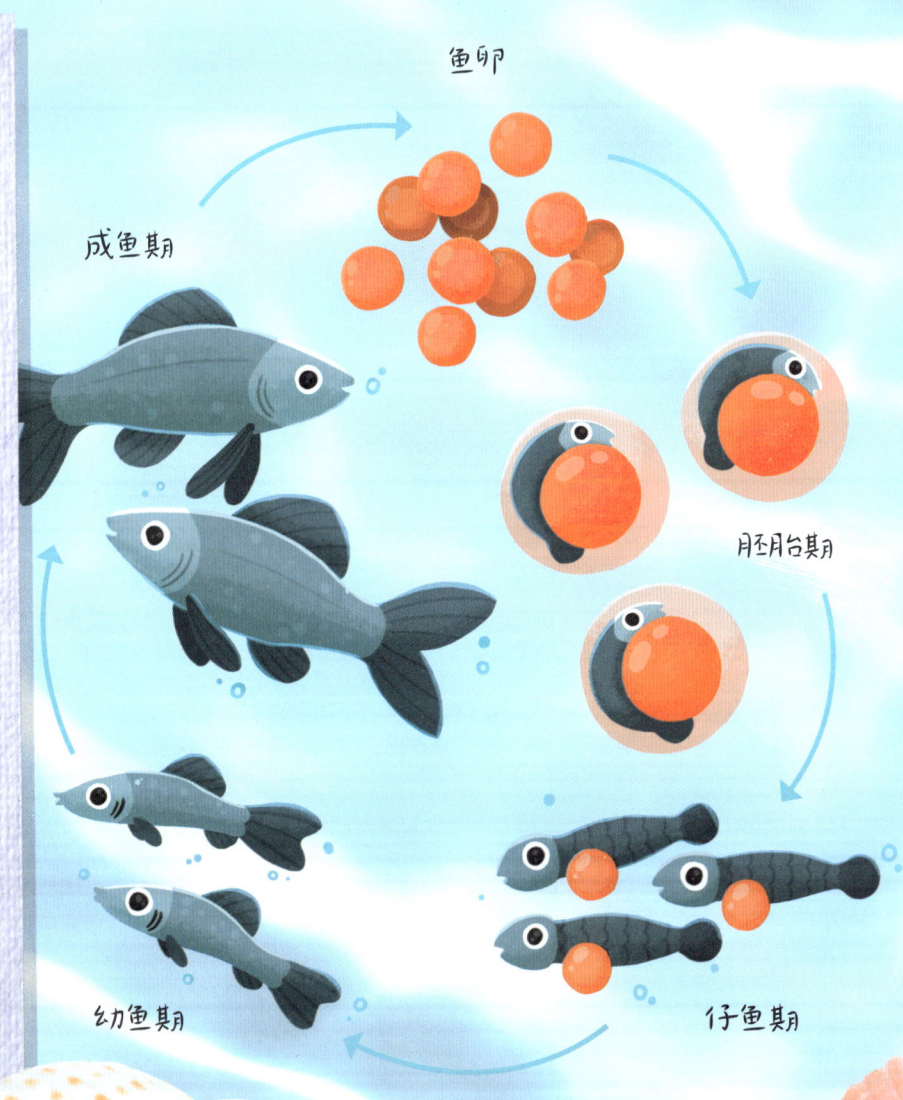

鱼在自然界中能活多久呢?

这取决于很多因素,包括鱼类生存区的**气候**,以及猎杀它们的**捕食者**的行为。大多数体型较小的鱼最多只能活 3 年,但有些物种的鱼类也可以**活到 100 年以上**。

格陵兰睡鲨
可以活到 400 岁

大西洋胸棘鲷
可以活到 149 岁

异海鲂
可以活到 140 岁

鱼类怎样交流沟通?

大多数时候,鱼类之间的交流都是**视觉性**的。例如较大的鱼可以通过颜色和动作来识别给它做清洁的濑鱼,濑鱼会帮助它清洁鳃和嘴部,因此它不会吃掉濑鱼。鱼类的交流通常发生在**化学层面**:它们通过传递一种被称为**信息素**的特定化学物质向彼此发送信号、进行交流。

鱼是怎么睡觉的？

当鱼睡觉时，它们会陷入一种**不活跃**的状态，在此期间它们的动作都非常缓慢。如果它们受到攻击，或者被打扰，它们也会快速逃跑。有些物种的鱼会在**海底**睡觉。大多数的鱼都**没有眼睑**，所以它们不能像人类那样闭上眼睛睡觉。

睡在一朵海葵上的小丑鱼。

鱼类使用哪些感官？

它们会使用**五种感官**来感知周围的世界：视觉、嗅觉、听觉、触觉和味觉。很多时候，在某种鱼身上，这些感官中的**某一种会比其他四种更加敏锐**。例如眼睛较大的鱼的嗅觉会比较弱，而小眼睛的鱼则嗅觉发达，因为它们主要靠嗅觉来捕食。

鱼是温血动物还是冷血动物？

鱼类与爬行动物和两栖动物一样，都是**冷血动物**。因此鱼类的体温取决于它们生活的水的温度。

鱼鳞有什么作用?

对于水生动物而言,鱼鳞具有一些关键的基本特征:

对某些品种的鱼类而言,鱼鳞能让鱼在水和更浅层的血管之间**转换二氧化碳和氧气**。

鱼身上覆盖着**骨质的保护性鳞片**,但这并不妨碍鱼类游动。

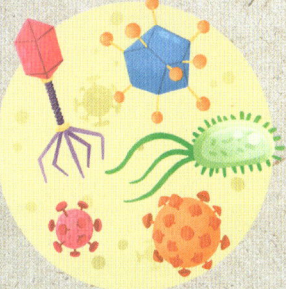

鱼鳞能保护鱼的身体免受**捕食者和细菌**的侵害。

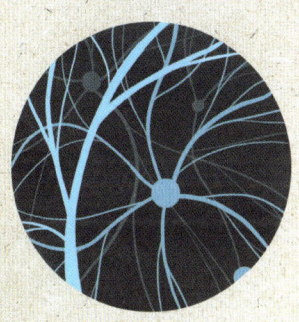

鱼鳞上含有很多的**神经末梢**。

鲨鱼的鱼鳞片非常特别,结构类似于牙齿:
外层覆盖着类似于牙釉质的一种物质,
内层则由牙本质和包含着神经及血管的中央牙髓腔组成。

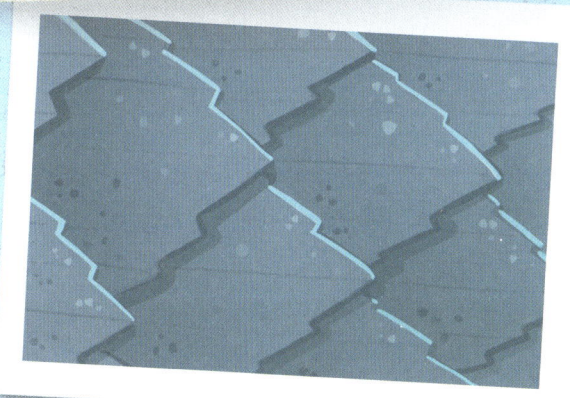

鱼鳞的颜色

鱼鳞几乎可以是任何一种你能想象到的颜色!这让许多品种的鱼都可以很好地与它们周围的环境**融合**在一起。一些鱼会通过颜色**识别同类**,或者用颜色**标记领地**。

软骨鱼

软骨鱼之所以被称为软骨鱼，是因为它们体内的骨骼是由软骨组成的。它们可以分为两个种类：板鳃亚纲约有 1100 种，全头亚纲约有 35 种。

蝠鲼

板鳃亚纲和全头亚纲的软骨鱼之间有什么区别？

板鳃亚纲的软骨鱼包括不同的海洋**捕食者**，例如蝠鲼（魔鬼鱼）、鳐鱼和鲨鱼。它们眼睛很小、长着**强壮的鳍**，颈两侧或下侧有鳃裂。

全头亚纲的软骨鱼有单鳃孔和**大眼睛**，因为鳍和尾巴缺乏力量，所以在冰冷的深水中游动缓慢。

银鲛

硬骨鱼

硬骨鱼要比软骨鱼数量更庞大、物种也更多。它们全身有一根骨头骨架，鳃由鳃盖（一种与嘴巴一起开合的盖状器官）保护着，还有一个利于飘浮的鱼鳔。

花斑连鳍䲗

鳞鲀科

这个科名来源于该科鱼类样本的鳍，其形状类似于**一张弓弩**。这个科的鱼长着坚硬的**喙**和锋利的**牙齿**。它们游动速度很快，可以在岩石之间飞奔，以便躲避捕食者。

鰕虎科

鼠鰕科中的鱼现在已经被重新纳入鰕虎科了。它们生活在印度洋和太平洋的**热带水域**，眼睛突出，皮肤上经常覆盖着一层黏液，多为**有毒**黏液。

鹦嘴鱼科

这个科的鱼类可以通过嘴巴进行辨认，它们的嘴很像鹦鹉的喙。这一科中的有些鱼还会吐出一个起保护作用的**黏液囊**，它们可以在黏液囊中过夜。

叉斑锉鳞鲀

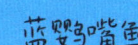

蓝鹦嘴鱼

深海动物

深海指的是海面以下 200 米到 11000 多米深度的海域，大部分深海尚未被开发。广阔的海底世界是一些鱼类和其他生物的家园，这些物种能够承受巨大的压力，也能适应缺光、低温和食物短缺等环境。

除了鱼类，深海里还有什么动物？

深海中还生活着许多无脊椎动物，比如蠕虫、乌贼和章鱼等。除了某些生活在海底特别深处的物种以外，大多数的深海动物都很小，但它们都有巨大的嘴巴、灵活的下颚和尖利的毒牙，这有助于它们捕获猎物。它们也有一双大眼睛，可以好好利用到达海面下的微弱光线。然而在海底特别深的地方，动物的眼睛都非常小，有些甚至没有眼睛。

大王酸浆鱿

为什么有些深海鱼是透明的？

那是为了逃避捕食者！不过有些捕食者还是能够看到它们身上反射出来的微弱光线。躲避天敌，绝非易事！这些鱼体型很小，只隐约可见。它们身上唯一可见的斑点是它们的眼睛和肚子里的食物。

三棘带鲉

生物发光是怎么回事？

生活在海洋深处的许多生物都具有"生物发光"的特征。由于体内带有特殊的细胞，有些鱼类天生便能够发光。其他一些会发光的鱼的体内则带有生物发光菌。生物发光对于躲避捕食者、吸引配偶或诱捕猎物都很有用。

鮟鱇目中的成员（例如鮟鱇）头顶上方有细丝，末端还挂着一盏灯，这可以直接将猎物引诱到它们的嘴里饱餐一顿。

什么是深海巨人症？

深海巨人症是动物学中的一个术语，它指的是一种现象，即生活在海洋深处的物种的体型往往比生活在浅水中的同类物种要大得多。

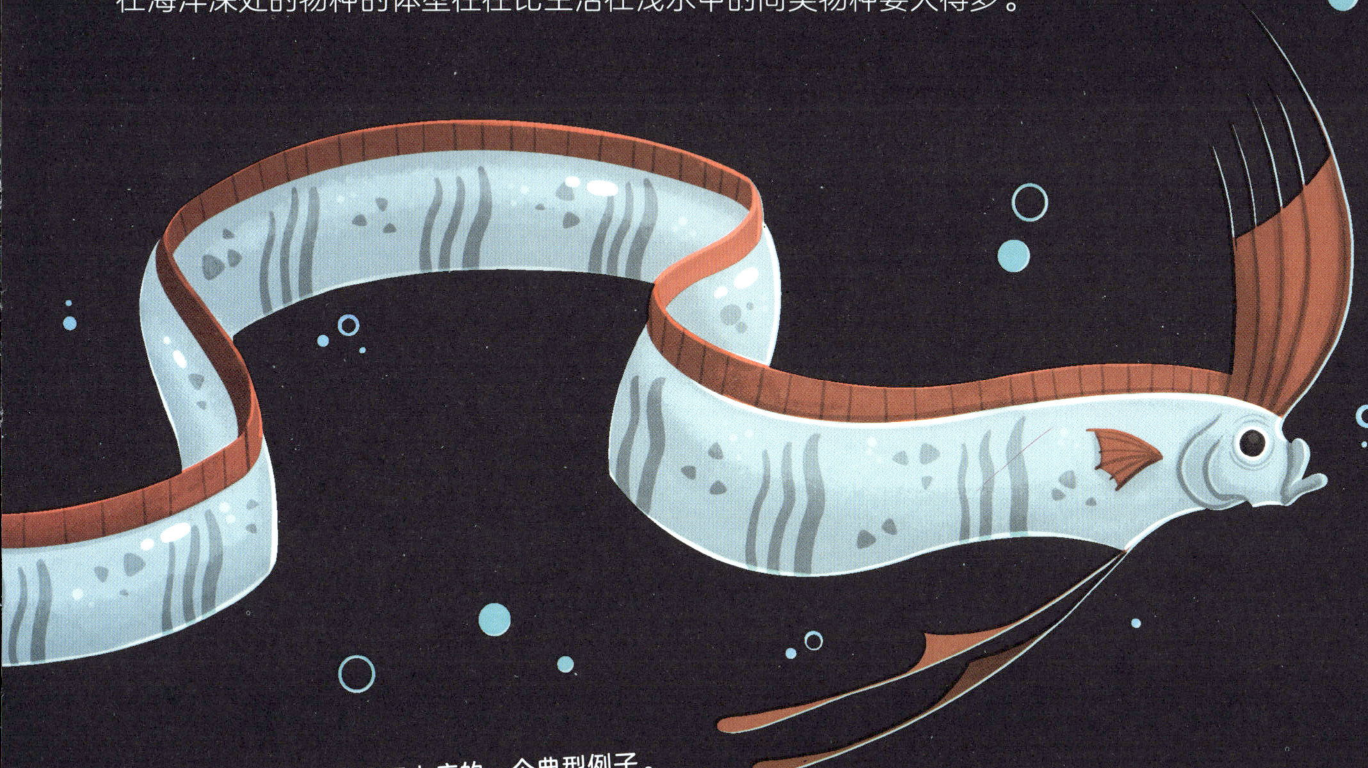

皇带鱼是深海巨人症的一个典型例子。它的身长可达 11 米，体重也可达好几百千克。很多人都认为，巨型皇带鱼是世界上最长的硬骨鱼。

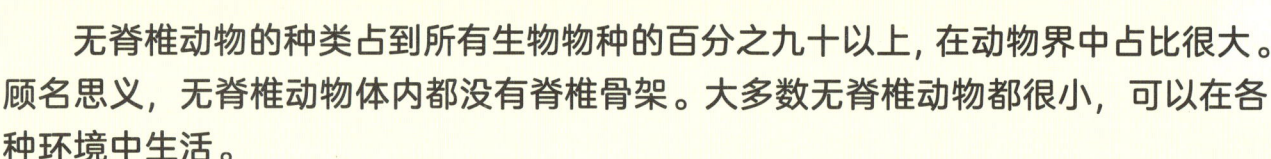

无脊椎动物

无脊椎动物的种类占到所有生物物种的百分之九十以上，在动物界中占比很大。顾名思义，无脊椎动物体内都没有脊椎骨架。大多数无脊椎动物都很小，可以在各种环境中生活。

没有脊椎的话，它们是怎么生活的？

一些无脊椎动物，例如昆虫或甲壳类动物，它们全身被一副**外骨骼**覆盖，这是一种坚硬的外壳，一方面可以保护它们，另一方面还可以塑造它们的外形。其他一些无脊椎动物，比如蠕虫或水母，它们身上装配的则是一副**水骨骼**：它们身体的形状是由这个水骨骼中所含的液体形成的。

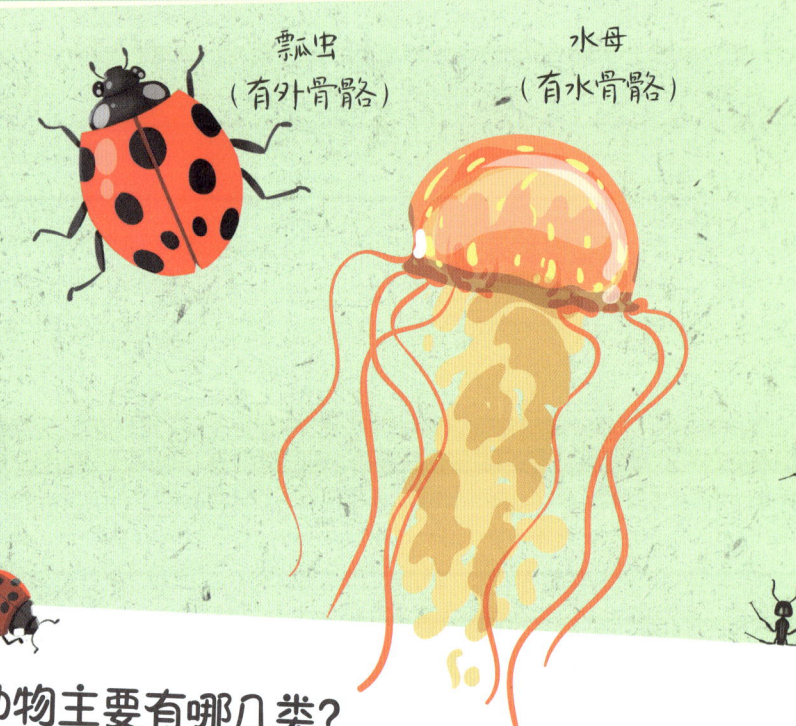

瓢虫（有外骨骼）

水母（有水骨骼）

无脊椎动物主要有哪几类？

没有人能完全认识地球上所有的无脊椎动物，也没有人知道它们的具体数量，但是我们大致可以将它们分为六大类：

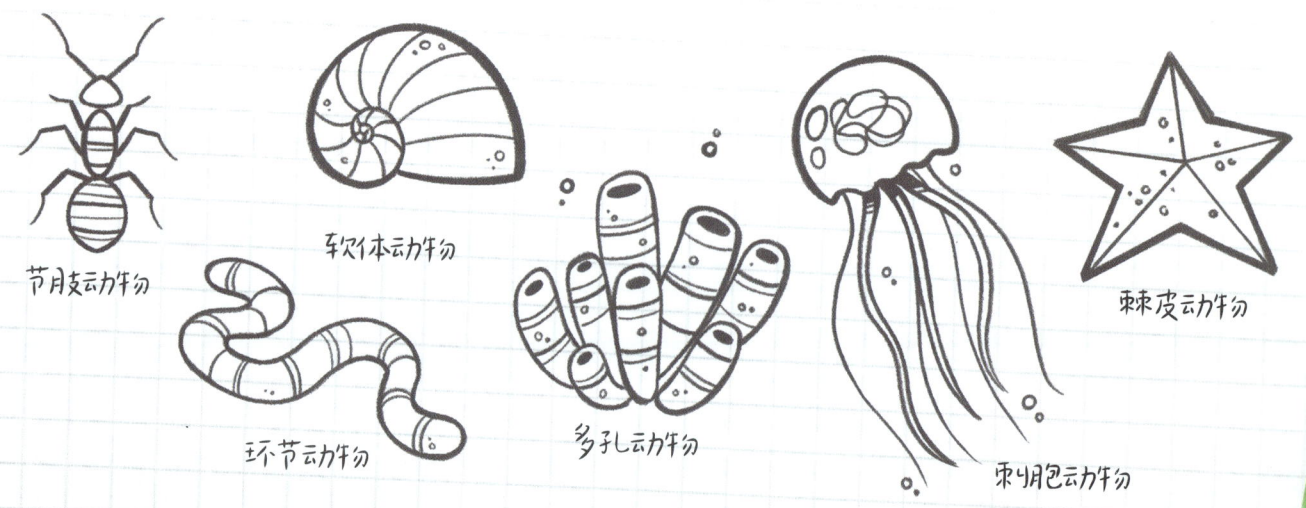

节肢动物　软体动物　多孔动物　刺胞动物　棘皮动物　环节动物

无脊椎动物会群居吗?

有些昆虫,比如蜜蜂和蚂蚁都是群居动物。这些动物在社群中负责不同的工作并且相互协作。这使它们能够更容易**获得食物**,也能更加有效地**保护自身**免受捕食者的侵害。这些群体中的成员通过发送**化学信息**进行交流,也就是说它们通过分泌能引起其他成员特定反应的化学物质进行交流。

无脊椎动物的身体是对称的吗?

是的!除了头部以外,有些无脊椎动物身体两侧是**完全对称**的(例如蜘蛛或甲虫)。还有一些无脊椎动物的身体则呈**辐射对称**,它们身体的某些部分呈向外辐射状,并且形成一种对称(比如海星或水母)。

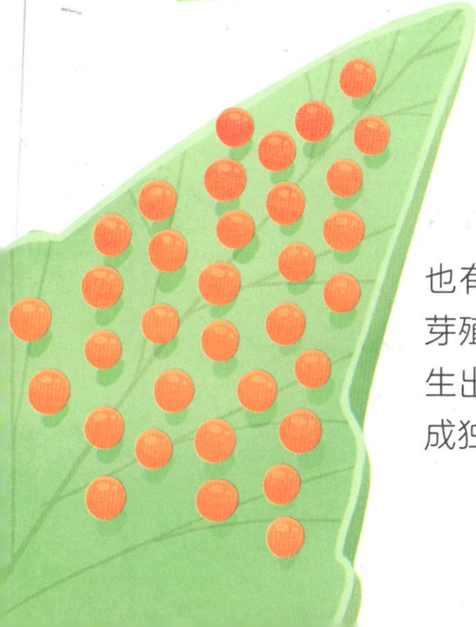

蜘蛛
(两侧对称)

海星
(辐射对称)

无脊椎动物如何繁殖?

有些无脊椎动物通过产卵进行**有性繁殖**。也有其他一些无脊椎动物是**无性繁殖**,例如芽殖(出芽生殖),指的是母体在一定部位生出芽体,芽体逐渐长大并与母体分离,形成独立的新个体。

节肢动物

节肢动物被一副外骨骼覆盖，外骨骼之间相互连接。节肢动物门下还包括许多种类，它们彼此差异很大，可以细分为五个主要的纲：昆虫纲、蛛形纲、甲壳纲、多足纲和倍足纲。

节肢动物都生活在哪里？

它们在哪里都能生活！不管是在沙漠中、山峰上、城市中，还是在树林里……节肢动物已经成功地征服了地球上的每一个角落。有一些节肢动物（不仅仅是甲壳纲的节肢动物），如甲虫等已经设法适应了在海洋中生活。

守护者蜈蚣（北美巨人蜈蚣）
（生活在沙漠地带）

蓝丽天牛
（栖居山地）

瓷蟹
（生活在海中）

蓝闪蝶
（生活在森林地带）

布氏兽毛蛛——它通过它的螯肢或者说"大颚"（专属于长毒牙的生物物种）将毒液注入猎物的体内。

节肢动物吃什么？

它们的饮食非常多样化！有些节肢动物是草食动物，有些节肢动物是肉食动物，还有一些节肢动物则以寄生虫或碎屑等有机物为食。甚至有一些节肢动物会大量喝水并从中**过滤出它们需要的食物**。某些肉食类节肢动物，例如蝎子或者某些蜘蛛，会使用**毒液**来捕获猎物。

它们的外骨骼有什么特点？

节肢动物的外骨骼由一种叫**几丁质的坚硬物质**组成，它不会随节肢动物一起生长。相反，节肢动物会"**蜕皮**"：旧的外骨骼有时会被丢弃掉，但有时候外骨骼也会被它们吃掉。当它们新换了外骨骼时，会变得十分脆弱，因为新的外骨骼在几个小时之内都是柔软且富有弹性的。

正在蜕皮的螳螂。

节肢动物会使用感官吗？

它们会使用感官。大多数节肢动物都有**眼睛**，但一些蜘蛛和其他蛛形纲的动物只能感应到**光线的变化**。节肢动物的其他感官一般位于它们的触角、腿尖或嘴里。

蟋蟀用它的触角来嗅闻食物和定位捕食者，也可以用来定位方向。

为什么节肢动物很重要？

节肢动物在食物链中具有至关重要的作用。例如小型甲壳类动物（比如浮游生物）是**不同鱼类和鲸鱼的必备食物**。另外，昆虫在**植物授粉**和**腐殖质**的形成中也起着不可或缺的作用。因此保护好它们十分重要！

环节动物

环节动物通常又被称为"蠕虫",是一种无脊椎动物,它们的身体分为许多部分。事实上,它们的名字来自拉丁语中的"圈环"。这一类动物包括陆生蠕虫,属寡毛类,比如蚯蚓;海生蠕虫,属多毛类,以及肉食性或寄生性的蠕虫,属蛭纲,如水蛭。

蚯蚓有哪些特点?

蚯蚓身上有**微小的光感受器**,可以区分黑暗和光亮。它们没有**骨骼**,但有一个贯穿整个身体的空腔,称为体腔,体腔里面充满了液体。就像其他的陆生环节动物一样,蚯蚓**通过皮肤进行呼吸**,而生活在水中的环节动物则使用**鳃**来呼吸。

为什么蚯蚓很重要?

因为蚯蚓会使它们生活的土壤变得**肥沃**!它们能挖深坑道,并以植物残骸为食,产生的腐殖质是植物生长所需要的肥料。此外,许多蚯蚓生活在淡水的淤泥底部,在那里,它们以残骸碎屑为食,能够防止水域被泥土塞满填实。

什么是水蛭？

它们是**淡水中的环节动物**，身体两端各有一个**吸盘**，小号的吸盘在前端，大号的吸盘位于身体后端。吸盘让水蛭吸附在猎物身上，并且它们也会利用吸盘在水底移动。有些品种的水蛭是爬行动物或哺乳动物身上的**寄生虫**，它们会**吸食**猎物的血液。还有一些水蛭则会直接杀死体型较小的猎物。

水蛭

海生蠕虫有哪些特点？

海生蠕虫体型细长，身体上都有短而硬的刺毛，又叫作"刚毛"，它们身上还有成对的附属物，又叫作"附肢（疣足）"，能帮助它们移动。海生蠕虫又分为两个不同的种类：四处游荡的多毛类蠕虫和定居的多毛类蠕虫。

矶沙蚕（博比特虫）

四处游荡的多毛类蠕虫会在海底游动和爬行，以便寻找猎物。

定居的多毛类蠕虫生活在自己建造的管道中，或是生活在它们挖掘的隧道里。

孔雀缨鳃蚕（孔雀虫）

软体动物

在地球上一共有超过 10 万种的软体动物。软体动物，顾名思义，即身体柔软的无脊椎动物。它们中的大多数都长着一个坚硬的外壳，这可以用来保护它们的身体。软体动物包括蜗牛、牡蛎和章鱼等。

软体动物生活在哪里？

大多数软体动物生活在**大海**里，包括沿海岸线以及更深的水域中，也有一些栖居在**淡水**中，还有一些会附着在岩石上或钻入淤泥及沙质海床。有些品种的蜗牛既可以生活在干燥的**陆地**上，也可以生活在潮湿的地带或干旱的沙漠中。

由于帽贝的脚像吸盘一样可以黏附东西，因此它们可以抓牢岩石。

软体动物都有哪些特征？

软体动物通常在夜间活动。有些软体动物以藻类为食，有些软体动物以植物或水果为食，还有些则以鱼虾为食。许多软体动物利用它们的外壳来躲避天敌。那些没有外壳的软体动物会使用其他技巧保护自己，例如融入周围环境中。

伞膜乌贼会改变它们自身的颜色，以便更好地融入海底环境。

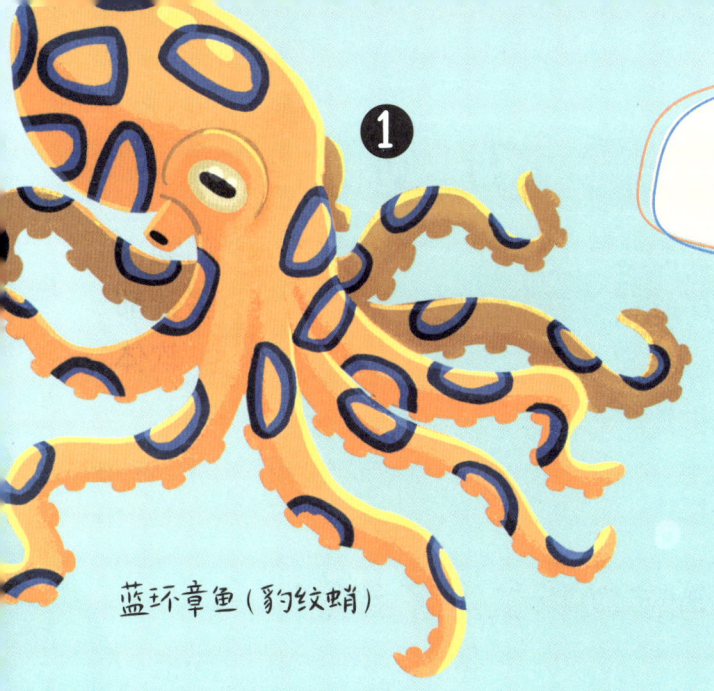

蓝环章鱼（豹纹蛸）

软体动物门下总共有多少纲？

一共有八大纲，让我们来看看其中一些动物吧。

❶ 头足纲动物

头足纲动物都有**触腕**，但它们几乎在进化过程中完全失去了外壳，只有在极少数情况下，部分残余的外壳会与它们身上的套膜融合到一起。头足纲动物是依赖**速度**和机动性来躲避捕食者的海洋动物，有些头足纲动物会喷射出特殊的"**墨水**"**使水质变浑浊**，这样一来捕食者就不太容易发现它们。

❷ 腹足纲动物

许多腹足纲动物都有一个**盘绕的外壳**，这些外壳往往都十分精美。既有在**陆地生活**的腹足纲动物（有些甚至会爬树），也有在**海洋中生活**的腹足纲动物，它们通常会依附在其他动物身上。陆地上的蜗牛会分泌出一种黏液，它们在移动时会用黏液来帮助自己滑行。

❸ 双壳纲动物

这类软体动物都有两瓣外壳，称为**贝壳**，这两瓣外壳很相似，它们可以完全紧闭，以防御天敌的攻击。为了进食，它们会打开外壳收集一些食物颗粒，并通过鳃来过滤掉水分。

❹ 多板纲动物

它们通常被称为**石鳖**，有一个由八块薄板组成的椭圆形薄壳。它们通常生活在沿海水域，但也有一些品种的多板纲动物生活在深海中。它们常以藻类为食。

砗磲

石鳖

半冠螺

多孔动物

你知道海绵也是一种动物吗？没错，它们是动物！海绵是多细胞的海洋动物，它们的运动是难以察觉的，至少在没用放大镜的情况下是很难察觉到的！大多数的海绵都生活在海水中，但也有一些海绵生活在淡水里。

一共有几种海绵？

海绵属于多孔动物门，该门下又可以分为三大纲：寻常海绵纲、钙质海绵纲和六放海绵纲。

寻常海绵纲

（海水和淡水中的）大多数海绵都属于寻常海绵纲这一类。它们的支撑结构由三种不同的物质来组成：柔软的纤维状有机材料、二氧化硅或碳酸钙骨架。

钙质海绵纲

这类海绵有骨骼成分，称为"骨针"，由碳酸钙构成。它们生活在温带和浅水区的岩石底部。钙质海绵长得都很小。很难找到超过15厘米长的钙质海绵。

六放海绵纲

它们也被称为"玻璃海绵"，骨针由氧化硅形成。它们通常呈网络状。六放海绵是群居动物，多见于淤泥底部以及深约1000米的大海深处。

一只海绵的解剖图

骨针
海绵的结构。有时它们会像荆棘刺一样从海绵的身体中长出来,以帮助它们抵御捕食者。

出水口或出水孔
出水口或出水孔是让水流出去的开口器官。有些海绵有不止一个出水口或出水孔。

领细胞层
领细胞层是海绵动物体内的细胞层内壁,它由领细胞组成,这种细胞对海绵的繁殖和营养吸收(吸收微生物和食物颗粒)而言尤为重要。

皮层
海绵的外层由扁平细胞等组成,这种扁平的细胞在海绵体上排列分布,能起到保护作用。

进水小孔
它们会过滤掉进入海绵体内的水。

中央腔
海绵的中央体腔,它起着"水库"的作用。

水的流动

刺胞动物

刺胞动物的种类一共大约有 10500 种，包括水母、海葵和珊瑚等。它们可以分为四大类：水螅纲、钵水母纲、珊瑚纲和立方水母纲。它们主要生活在海洋中，热带水域中种类比较丰富，但有些品种的刺胞动物也会栖居在淡水中。

刺胞动物都有哪些基本的类型？

主要有：**水母型**或**水螅型**，都有一个被触手包围的位于中间的嘴巴。这两种刺胞动物的不同之处在于，它们的触手转动时方向不同。

珊瑚虫类生活在海床上或锚定在岩石上，它们的触手和嘴巴朝上，呈空心圆柱体状。

水母呈伞状。它会顺着**洋流**的流向漂流，触手方向朝下。

由于奇特的骨骼构造，刺胞动物有着令人印象深刻的外形结构，例如大片珊瑚礁或环礁。

它们如何进食?

刺胞动物大多会以其他无脊椎动物和鱼类为食。它们用**触手**进行捕猎,触手上覆盖着**刺丝囊**,这是一种特殊的刺细胞,能够让猎物**麻痹瘫痪或中毒**。

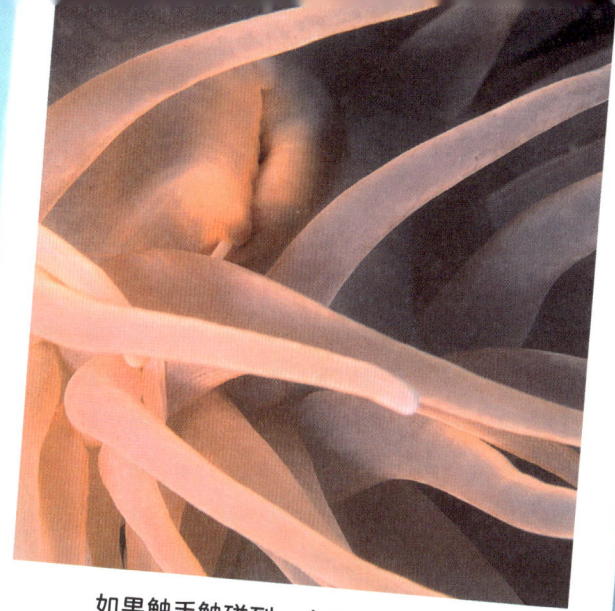

如果触手触碰到一个异物的身体,刺丝囊就会像鱼叉一样释放出盘绕着的小细管并裹住它。

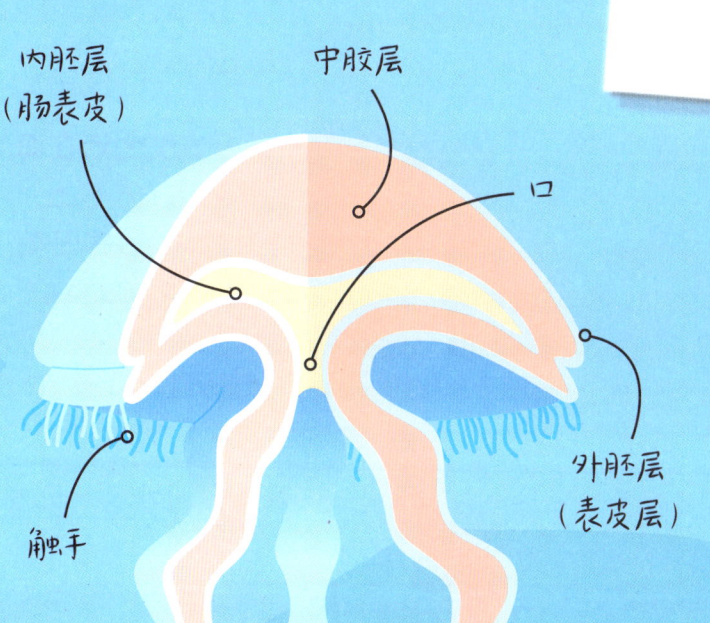

内胚层(肠表皮)　中胶层　口　外胚层(表皮层)　触手

刺胞动物有着怎样的身体结构?

它们的身体结构非常简单,由两种类型的组织构成:一种是外部的组织,主要用于保护自身;还有一种是内部的组织,主要用于消化食物。这两种组织之间是中胶层,由果胶构成。

它们如何繁殖?

水母、珊瑚虫类既可以进行有性繁殖,也可以进行无性繁殖,它们可以通过芽殖进行繁殖:小珊瑚虫会从亲本动物的母体上长出来,然后再分离出来,成为一个单独的有机体。

棘皮动物

棘皮动物只生活在大海里，共分为六大纲：海胆纲、海百合纲、海星纲、蛇尾纲、海参纲和同心纲（海菊花）。棘皮动物的家族成员都有碳酸钙骨架，并具有辐射对称的特点。

棘皮动物有什么特征？

大多数棘皮动物都很小，但有些种类可长达2米（比如一些海参）。它们的钙质骨骼由托板组成，宛如在身体周围形成了某种"盔甲"（有时还是尖尖的盔甲）。所有棘皮动物的家族成员都具有鲜艳的颜色，比如红色、紫色和橙色等。它们的形状多种多样：有细长条形的，比如海参；也有星形的，比如海星或海蛇尾。

海胆

海百合

海星

海参

海蛇尾

海菊花

你知道棘皮动物喜爱挖洞吗？

棘皮动物会在柔软的沉积物和坚硬的岩石上**挖洞**！有些种类的棘皮动物，比如海胆，会使用荆棘和牙齿帮它们在岩石中开路。很多海星通过钻泥沙来掩护自己。海蛇尾会把自己埋进沙中，只露出臂尖来采集食物。

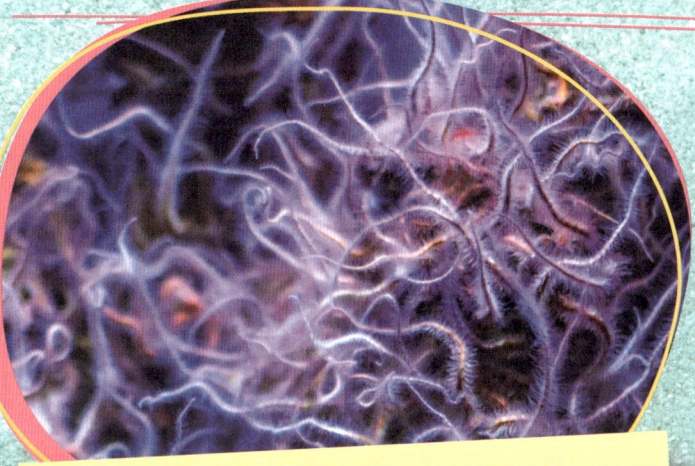

在成群的海蛇尾中，成员都会高高举起它们的一些手臂来捕获食物，并用另一些手臂紧紧抓牢身边的同伴。

棘皮动物是群居吗？

是的，棘皮动物倾向于**成群结队**地生活在一起，这很可能是出于捕食的需要。生活在集体中也能够保证**物种的繁衍**，并有助于**保护它们免受掠食者的侵害**。

为什么棘皮动物很重要？

因为棘皮动物是伟大的**食腐动物**：它们能吃掉海底被分解的物质，它们还以那些可能对海洋生态系统有危害的微小生物体为食。例如海胆可以防止过多的藻类长在珊瑚礁附近，而海参会吞下大量的沉积物，并从中提取出有机物质。

动动手：请画一只动物！

　　大自然真是奇美壮观啊！下次，等你去公园和小树林散步或者爬山时，又或者在你非常有幸能看到一些水下生物时，请仔细看看那些动物。试着给它们拍张照片，然后把它们画在下面的空白处。请详细描述一下它们的主要特征。它们是脊椎动物还是无脊椎动物？它们具体属于哪一类动物？它们有翅膀吗？它们长了几条腿，会游泳吗？记得去探索发现更多的动物哟！

名称：..

特征：..

....

....

....

....

名称：..

特征：..

....

....

....

....

名称:
特征:

名称:
特征:

名称:
特征:

猜猜看：这是什么动物？

在这本书中，我们介绍并认识了很多动物：从鸟类到鱼类，从昆虫到软体动物，应有尽有。请看看下图中的这些动物，你能说出它们属于哪一种类吗？你能分辨出它们是脊椎动物还是无脊椎动物吗？

种类：_____

☐ 脊椎动物 ☐ 无脊椎动物

种类：_____

☐ 脊椎动物 ☐ 无脊椎动物

种类：_____

☐ 脊椎动物 ☐ 无脊椎动物

种类：_____

☐ 脊椎动物 ☐ 无脊椎动物

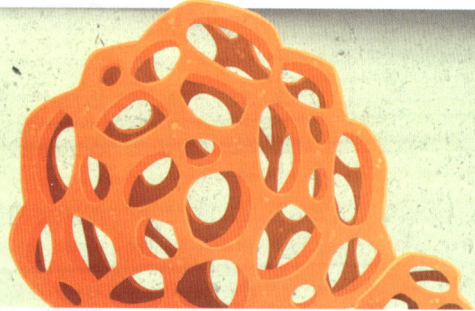

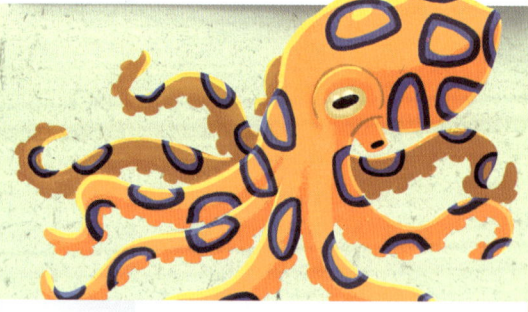

种类：_____

☐ 脊椎动物 ☐ 无脊椎动物

种类：_____

☐ 脊椎动物 ☐ 无脊椎动物

图书在版编目（CIP）数据

哇！好神奇的动物 /（意）朱莉娅·佩萨文托著；（意）恩里科·洛伦齐绘；汪丽译 . -- 广州：广东人民出版社, 2025. 6. -- ISBN 978-7-218-17911-7

Ⅰ . Q95-49

中国国家版本馆 CIP 数据核字第 2024RT1382 号

著作权合同登记号：图字 19-2024-157 号
Original Title: What, How, Why. Animals
©2021 Sassi Editore Srl
Viale Roma 122/b
36015 Schio (VI) – Italy
Text : Giulia Pesavento
Translation: SallyAnn DelVino
Illustrations: Enrico Lorenzi
Layout: Nadia Fabris

WA! HAO SHENQI DE DONGWU

哇！好神奇的动物

[意] 朱莉娅·佩萨文托 著　[意] 恩里科·洛伦齐 绘　汪丽 译　　　　　版权所有　翻印必究

出 版 人：肖风华

责任编辑：钱飞遥　赵　丹
责任技编：吴彦斌
营销编辑：邓煜儿
特约审校：冉　浩
封面设计：青梧社（微信：asunjovelynn）

出版发行：广东人民出版社
地　　址：广州市越秀区大沙头四马路 10 号（邮政编码：510199）
电　　话：（020）85716809（总编室）
传　　真：（020）83289585
网　　址：https://www.gdpph.com
印　　刷：广东信源文化科技有限公司
开　　本：889 毫米 ×1194 毫米　1/16
印　　张：4.5　　　字　　数：67 千
版　　次：2025 年 6 月第 1 版
印　　次：2025 年 6 月第 1 次印刷
定　　价：59.80 元

如发现印装质量问题，影响阅读，请与出版社（020-87712513）联系调换。
售书热线：（020）87717307